우리
동네
나무들

쉬운 글과 그림으로 보는 자연 이야기

우리 동네 나무들

국립생태원
NIE PRESS

들어가는 말

매년 봄이 되면 화려하게 핀 벚꽃을 보기 위해 사람들이 모여들어요.
가을이 되면 알록달록 물든 단풍을 보기 위해 산을 오르기도 해요.
하지만 꽃이 지고 잎이 다 떨어지고 나면
관심 어린 눈으로 나무를 바라보는 사람도 줄어들어요.
그래도 여전히 우리 주변의 나무들은
많은 곤충과 새, 다람쥐와 같은 동물들에게
먹을 것과 쉴 곳을 나눠 주며 함께 살아가고 있어요.

집을 나선 순간부터 우리는 나무를 만날 수 있어요.
집 주변 화단, 길가, 공원이나 산책로에 나무들이 심겨 있지요.
나무들은 아름다운 풍경을 만들어 주고,
도시의 나쁜 공기와 시끄러운 소리를 줄여 줘요.

그리고 나무를 바라보면 마음이 편안해져요.
우리도 이렇게 우리 주변에 있는 나무와 함께 살아가고 있어요.

이 책에는 주변에서 쉽게 만날 수 있는
나무들의 이야기가 담겨 있어요.
나무에 대한 만화, 이야기, 사진을 보며
우리 주변에 있는 나무에 조금 더 관심을 기울이길 바라요.
평소에 지나쳤던 나무 앞에 멈춰 서서
한 번 더 바라보게 된다면 좋겠어요.
나무에 관심을 가질수록 우리가 살아가는 곳과
우리의 삶 또한 더 풍요로워질 거예요.

나무는 이렇게 이루어져 있어요!

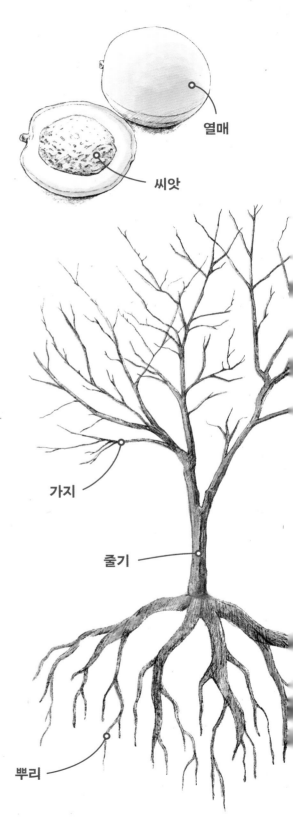

열매

씨앗

씨앗과 열매

씨앗에서 뿌리가 나고 싹이 트면서

새로운 나무가 자라요.

씨앗은 보통 열매 안에 들어 있어요.

열매를 먹은 동물이 씨앗을 멀리 퍼뜨려 주기도 하고,

가벼운 씨앗은 바람을 타고 멀리 날아가기도 해요.

뿌리

뿌리는 땅속에 묻혀 있어요.

뿌리들이 땅속으로 넓게 뻗어 나가서

나무가 높이 자랄 수 있어요.

나무는 뿌리로 땅속의 영양분*과 물을 얻어요.

* **영양분** 생물이 살아가는 데 필요한 것. 식물은 햇빛, 물 등에서 영양분을 얻는다.

줄기와 가지

줄기는 땅속의 뿌리와 이어져 있어요.

나무가 쓰러지지 않게 해 줘요.

줄기에서 가지가 뻗어 나오고, 가지에 잎과 꽃이 피어요.

줄기와 가지는 영양분과 물을 나무 곳곳에 전달해요.

가지

줄기

덩굴

덩굴은 가늘고 약해서 혼자 서지 못하는 줄기를 말해요.

덩굴은 다른 물건이나 나무를 감으면서 자라거나

땅바닥에 넓게 퍼져요.

뿌리

꽃

꽃은 열매를 만들어요.

열매는 암술과 수술이 만나면 생겨요.

암술이 있는 꽃을 암꽃, 수술이 있는 꽃을

수꽃이라고 해요.

하나의 꽃에 암술, 수술이 같이 있는 것도 있어요.

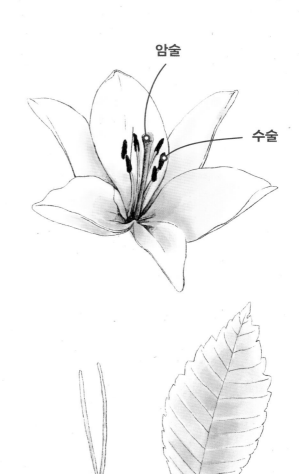

암술

수술

잎

잎은 햇빛을 받아서 영양분을 만들어 내요.

잎은 나무 종류에 따라 색이 변하기도 하고

변하지 않기도 해요. 어떤 나무의 잎은

가을에 색이 변한 후 잎이 떨어지고,

봄에 새로운 잎이 나와요. 또 어떤 나무의 잎은

1년 내내 초록색으로 나무에 달려 있어요.

소나무 잎   느티나무 잎

겨울눈

겨울눈은 내년에 필 꽃과 잎이

겨울 동안 얼어 죽지 않도록 보호하기 위한 거예요.

이름은 겨울눈이지만 대부분 여름이나 가을에 생겨요.

봄이 되면 겨울눈에서 잎, 꽃, 가지가 새로 나와요.

나무껍질

나무껍질은 나무의 피부 같은 거예요.

나무의 줄기와 가지를 감싸고 있어요.

나무껍질은 뜨거운 햇빛과 추위를 막아 줘요.

곤충과 병균을 막아 주는 일도 해요.

겨울눈

순서

은행나무

공룡과 함께 살았던 나무

은행나무는 길가에서 쉽게 볼 수 있는 나무예요.
가을이 되면 은행나무의 잎이
노랗게 물든 것을 볼 수 있지요.
은행나무는 공룡이 살던 아주 오랜 옛날에도
있었어요. 평소에 자주 보는 나무가
공룡 시대의 나무라는 사실이 참 신기해요.

은행나무의 열매 이름은 은행이에요.
은행은 여자 나무(암나무)에만 열려요.
냄새는 안 좋지만 기침을 낮게 하는 효과가 있어
껍질을 벗겨 다양한 방법으로 먹어요.

경복궁, 잎이 물든 은행나무

4월에 꽃이 펴요.

1월　**2**월　**3**월　**4**월　**5**월　**6**월　**7**월　**8**월　**9**월　**10**월　**11**월　**12**월

9~10월에 열매가 익어요.

은행나무의 사계절

커다란 은행나무는 여름에 멋진 그늘을 만들어 줘요.
은행나무 주변으로는 벌레도 잘 오지 않아서 좋은 쉼터가 되지요.

암꽃

수꽃

어린 나무

봄 여름

겨울 가을

겨울 나무

열매

소나무

누구나 사랑하는 나무

소나무는 우리나라 사람이 가장 좋아하는
나무예요. 소나무의 열매는 솔방울이라고 불러요.
솔방울은 공기에 물기가 많으면 오므라들고,
공기에 물기가 없으면 벌어져요.

비가 오지 않는 맑은 날에 솔방울이
활짝 벌어지면 그 안에 숨어 있던 씨앗이
바람에 날려 멀리 날아갈 수 있어요.
바람에 날려 간 씨앗이 땅에 떨어지면
그 자리에 새로운 소나무가 자라게 되지요.

경북 울진, 소나무

5월에 암꽃, 수꽃이 펴요.

1월 **2**월 **3**월 **4**월 **5**월 **6**월 **7**월 **8**월 **9**월 **10**월 **11**월 **12**월

내년 9월에 열매가 익어요.

소나무의 사계절

소나무를 자세히 들여다보세요. 한 나무에서 작은 솔방울,
씨앗이 있는 솔방울, 씨앗이 날아간 솔방울을 모두 볼 수 있어요.

암꽃

수꽃

열매

봄

여름

겨울

가을

씨앗이 다 날아간
빈 솔방울들이 벌어져 있어요.

겨울 나무

날개 달린 씨앗

메타세쿼이아

나란히 서 있는 풍경이 아름다운 나무

메타세쿼이아는 키도 크고 줄기도 굵어요.
뿌리가 땅 밑으로 넓게 뻗어 자라기 때문에
바람이 세게 불어도 나무가 넘어지지 않아요.

담양이나 남이섬에 가면 메타세쿼이아 나무가
길 양옆으로 쭉 길게 심겨 있는 것을 볼 수 있어요.
메타세쿼이아의 나뭇가지는 옆으로 퍼지게
자라요. 그래서 길 양옆으로 심긴 나무의 가지가
맞닿으면 지붕 모양이 되지요. 이 모습이 너무
아름다워서 많은 사람들이 보러 가요.

물향기 수목원, 메타세쿼이아 길

3~4월에 꽃이 펴요.

1월　　**2**월　　**3**월　　**4**월　　**5**월　　**6**월　　**7**월　　**8**월　　**9**월　　**10**월　　**11**월　　**12**월

10월에 열매가 익어요.

메타세쿼이아의 사계절

여름에 메타세쿼이아가 만들어 주는 그늘은 참 시원해요.
가을에는 잎이 갈색으로 아름답게 물들어요.

수꽃

잎

봄 여름

겨울 가을

겨울 나무

열매

향나무

어디서나 잘 자라는 나무

향나무는 향기가 강하고 어디서든 잘 자라요.

울릉도에는 3천 년 된 향나무도 있어요.

향나무 씨앗은 싹이 잘 트지 않아요.

씨앗이 너무 단단하기 때문이에요.

그런데 새가 향나무 열매를 먹고 똥을 누면

그 자리에 향나무 싹이 잘 나요.

새의 배 속에 있는 동안 씨앗 껍질이

부드러워지기 때문이라고 해요.

사람들은 향나무로 물건을 만들어 써요.

향*을 만들기도 하고, 가구를 만들기도 해요.

* **향** 제사, 장례식장에서 상 위에 피우는 얇은 심

전남 구례, 여름의 향나무

3~4월에 암꽃, 수꽃이 펴요.

1월　**2**월　**3**월　**4**월　**5**월　**6**월　**7**월　**8**월　**9**월　**10**월　**11**월　**12**월

내년 10월에 열매가 익어요.

향나무의 사계절

향나무에는 바늘처럼 뾰족한 잎도 있고, 물고기 비늘 모양처럼
겹겹이 붙어 있는 잎도 있어요. 어린 가지에서는 뾰족한 잎이 나와요.

수꽃

잎

봄 여름
겨울 가을

나무껍질

열매

주목

줄기도, 열매도 모두 붉은 나무

주목은 붉은 나무라는 뜻이에요.

주목은 줄기도, 줄기 속도, 열매도 모두 붉어요.

옛날에는 옷을 염색할 때 주목의 줄기를 사용했어요.

'주목은 살아서 천 년, 죽어서 천 년'이라는 말이 있어요.

오래 살고, 잘 썩지 않는다는 뜻이에요.

그래서 가구를 만들거나 건물을 지을 때

사용하기도 했어요.

주목은 높은 곳에서 잘 자라요.

그런데 날씨와 환경이 변하면서 자라는 곳이

점점 줄어들고 있어요.

여의도공원, 봄의 주목

4월에 암꽃, 수꽃이 펴요.

1월   2월   3월   **4월**   5월   6월   7월   8월   **9월**   10월   11월   12월

9월에 열매가 익어요.

주목의 사계절

주목은 줄기, 줄기 속, 열매가 모두 붉지만 잎은 언제나 초록색이랍니다.
겨울이 되면 주목을 크리스마스트리로 사용하기도 해요.

암꽃

수꽃

잎

봄 여름 겨울 가을

겨울 나무

열매

버드나무

태조 왕건 부부를 이어 준 나무

버드나무는 물 주변에서 잘 자라요.

버드나무에 관한 재미있는 이야기가 있어요.

고려를 세운 왕건이 우물에서 물을 뜨고 있는

여인에게 물 한 바가지만 달라고 했어요.

여인은 바가지에 물을 담은 후, 우물 옆에 있던

버드나무 잎 하나를 물 위에 올려 주었어요.

왕건이 왜 버드나무 잎을 올렸느냐고 물었어요.

여인은 급하게 마시면 체할지 몰라

잎을 넣었다고 대답했어요.

잎을 후– 불어 마시면 천천히 마실 수 있으니까요.

왕건은 그 지혜에 반해 여인과 결혼했다고 해요.

보라매공원, 물가의 버드나무

3~4월에 암꽃, 수꽃이 펴요.

1월 **2**월 **3**월 **4**월 **5**월 **6**월 **7**월 **8**월 **9**월 **10**월 **11**월 **12**월

5월에 열매가 익어요.

버드나무의 사계절

버드나무는 물을 좋아하는 나무예요.
그래서 하천이나 호수 주변에서 찾아볼 수 있어요.

열매가 다 익으면 하얀 솜털이 나와요.

솜털이 난 열매

잎

봄 | 여름
겨울 | 가을

겨울눈

가을 나무

오리나무

이름이 귀여운 나무

옛날에 5리(약 2km)마다 1그루씩 심는 나무라고
해서 오리나무라고 불렸대요. 그래서 오리나무를
보면 거리가 얼마큼 되는지 알아볼 수 있었어요.

어떤 사람이 술병 뚜껑을 잃어버려서
옆에 있던 오리나무 잎으로 술병을 막았대요.
그리고 시간이 한참 지난 뒤에 술을 마셨는데
이상하게도 그날은 별로 취하지 않았어요.
오리나무에 술 취하지 않도록 하는 성분이 있었던
거예요. 그래서 사람들은 오리나무를 이용해
술 깨는 음료를 만들었어요.

국립생태원, 여름의 오리나무

2~3월에 암꽃, 수꽃이 펴요.

1월 **2월** **3월** 4월 5월 6월 7월 8월 9월 **10월** 11월 12월

10월에 열매가 익어요.

오리나무의 사계절

오리나무 줄기를 삶으면 붉은 물이 나오고 나무껍질을 물에 담그면 검은 물이 나와요.
오리나무에서 나오는 색으로 천을 염색할 수 있어요.

수꽃

잎

봄 여름
겨울 가을

겨울 나무

열매

신갈나무

다람쥐에게 먹이를 주는 나무

신갈나무, 굴참나무, 졸참나무, 갈참나무에
열리는 열매는 모두 도토리라고 불러요.
신갈나무의 열매도 도토리, 굴참나무의
열매도 도토리예요. 그래서 이 나무들을
도토리나무라고 부르기도 해요.

도토리는 다이어트 식품으로 사랑받고 있어요.
하지만 맛있고 몸에 좋다고 해서 산에 있는
도토리를 마구 집어 오면 안 돼요.
도토리는 다람쥐와 같이 산에 사는 동물들의
중요한 먹이기도 하거든요.

창경궁, 가을의 신갈나무

4월에 암꽃, 수꽃이 펴요.

1월 **2**월 **3**월 **4**월 **5**월 **6**월 **7**월 **8**월 **9**월 **10**월 **11**월 **12**월

10~11월에 열매가 익어요.

신갈나무의 사계절

신갈나무는 도토리나무 중에서 가장 높은 곳에 살아요.
줄기가 잘려도 바로 새로운 싹이 나올 만큼 튼튼해요.

수꽃

열매

봄　여름

겨울　가을

겨울눈

잎

굴참나무

비와 바람과 미세먼지를 막아 주는 나무

굴참나무의 열매도 도토리라고 불러요.
사람들은 도토리로 다양한 음식을 해 먹어요.
도토리묵도 만들고, 도토리국수,
도토리수제비도 만들어 먹지요.

옛날에는 굴참나무의 껍질로 지붕을 덮었다고
해요. 굴참나무의 껍질이 두껍고 푹신해서
비와 바람을 잘 막아 주었기 때문이에요.
도토리는 미세먼지로부터 우리를 지켜 줘요.
미세먼지를 마시면 몸속에 나쁜 것들이
쌓이는데 도토리를 먹으면 그것들이 몸 밖으로
빠져나간다고 해요.

가을의 굴참나무 숲

4월에 암꽃, 수꽃이 펴요.

1월 2월 3월 **4월** 5월 6월 7월 8월 9월 **10월 11월** 12월

내년 10~11월에 열매가 익어요.

굴참나무의 사계절

굴참나무를 만나면 나무껍질을 눌러 보세요.
두껍지만 푹신한 느낌을 느낄 수 있어요.

수꽃

잎

봄 여름

겨울 가을

나무껍질

열매

느티나무

❶ 느티나무야~ 백 년, 천 년 무럭무럭 자라거라.

「고려시대」

❷ 느티나무야, 내 연날리기 실력 어때?

「조선시대」

❸ 마을은 불탔지만 느티나무만은 살았구나.

「6·25전쟁」

❹ 우리 동네에 이런 나무가 있었나?

「현재」

❺ …

우와! 나이가 1000살? 완전 할아버지의 할아버지의 할아버지 나무네?

오래오래 마을을 지키는 나무

느티나무는 빨리 자라고, 오래 살아요.
100살이 넘은 나무도 많아요.
우리나라는 100살이 넘은 나무 중에 중요한
의미가 있는 나무를 골라서 보살펴 줘요.
나라가 보살피는 나무 중에 느티나무 수가
제일 많다고 해요.

예전부터 사람들은 마을 입구에 느티나무를
많이 심었어요. 크고 튼튼한 느티나무가
우리 마을을 지켜 줄 거라고 믿었기 때문이에요.

여의도공원, 봄의 느티나무

3~4월에 암꽃, 수꽃이 펴요.

1월 **2**월 **3**월 **4**월 **5**월 **6**월 **7**월 **8**월 **9**월 **10**월 **11**월 **12**월

9월에 열매가 익어요.

느티나무의 사계절

잎이 많은 느티나무는 여름에 시원한 그늘을 만들어 줘요.
겨울에 잎이 다 떨어져도 잔가지들이 많아 나무 모양이 멋져요.

암꽃

수꽃

잎

봄 여름
겨울 가을

겨울 나무

열매

백목련

백목련의 사계절

백목련은 추운 겨울을 보내기 위해 여름부터 열심히 겨울눈을 만들어요.
털옷을 입은 겨울눈은 봄에 희고 큰 꽃으로 피어나요.

꽃

잎

봄 여름
겨울 가을

겨울눈

열매

계수나무

달콤한 향기가 나는 나무

계수나무의 잎은 하트 모양으로 생겼어요.

가을이 되면 잎이 노랗게 변하고,

달콤한 향기도 나지요.

길을 걷다가 땅에 떨어진 계수나무 잎을 본다면

예쁜 걸로 골라 주워 보세요.

잎을 잘 말려서 좋아하는 사람에게 준다면

아주 특별한 선물이 될 거예요.

광릉수목원, 가을의 계수나무

3~4월에 암꽃, 수꽃이 펴요.

1월　　**2**월　　**3**월　　**4**월　　**5**월　　**6**월　　**7**월　　**8**월　　**9**월　　**10**월　　**11**월　　**12**월

9~10월에 열매가 익어요.

계수나무의 사계절

가을에 길을 가다 달콤한 냄새가 나면 주위를 둘러보세요.
노랗게 물든 계수나무가 서 있을지 몰라요.

암꽃

잎

봄 | 여름
겨울 | 가을

나무껍질

열매

남천

계절마다 다른 매력이 있는 나무

남천은 봄, 여름, 가을, 겨울, 계절에 따라 색이
다 달라요. 그래서 나무를 보는 재미가 있어요.
봄에는 초록색 잎이 피고, 여름에는 흰색 꽃이
펴요. 가을에는 빨간색 열매가 열리고,
겨울에는 잎이 빨간색으로 변하지요.
나무는 보통 가을이 되면 잎이 노란색,
빨간색으로 변해요. 겨울이 되면 잎이
떨어지고요. 그런데 남천은 달라요.
겨울이 되어야 잎의 색깔이 빨갛게 변해요.
날이 추워도 잎이 떨어지지 않다가
봄이 되어야 떨어져요.

여의도 샛강, 가을의 남천

6~7월에 꽃이 펴요.

1월   **2**월   **3**월   **4**월   **5**월   **6**월   **7**월   **8**월   **9**월   **10**월   **11**월   **12**월

10~12월에 열매가 익어요.

남천의 사계절

남천은 공원이나 화단에서 쉽게 볼 수 있어요.
계절에 따라 달라지는 모습을 관찰해 보세요.

잎

꽃

봄 여름
겨울 가을

붉게 변하고 있는 잎

열매

양버즘나무

공기를 맑게 하는 나무

피부가 깨끗하지 않고 얼룩덜룩할 때

보통 '버짐이 피었다'라고 해요.

예전에는 버짐을 버즘이라고 불렀어요.

양버즘나무는 나무에 버즘(버짐)이 핀 것

같다고 해서 붙은 이름이에요.

양버즘나무는 겨울이 되면 얼룩덜룩해져요.

나무껍질이 조각조각 떨어져 나가기 때문이에요.

양버즘나무는 잎이 넓고 솜털이 많아

안 좋은 공기를 잘 빨아들이기 때문에

길가에 많이 심어요.

경기도 안산, 양버즘나무 길

4~5월에 암꽃, 수꽃이 펴요.

1월   **2**월   **3**월   **4**월   **5**월   **6**월   **7**월   **8**월   **9**월   **10**월   **11**월   **12**월

9~10월에 열매가 익어요.

양버즘나무의 사계절

양버즘나무의 열매는 작은 공처럼 귀엽게 생겼어요.
열매 안에는 솜털 날개가 달린 씨앗이 있어요.

잎

잎과 열매

봄
여름
겨울
가을

나무껍질

열매

산수국

풀처럼 생긴 나무

산수국은 줄기가 얇고 꽃송이가 많아서 풀이라고
생각하기 쉬워요. 하지만 산수국은 나무예요.
산수국은 어떤 흙에서 자라느냐에 따라
꽃 색깔이 달라요. 붉은색 꽃이 피기도 하고,
푸른색 꽃이 피기도 해요.
산수국은 꽃받침이 꽃잎처럼 생겼어요.
아름다운 꽃받침으로 곤충들을 불러모아요.
진짜 꽃은 한가운데에 자기들끼리 모여 있지요.

강원도 영월, 꽃이 핀 산수국

7~8월에 꽃이 펴요.

1월 **2**월 **3**월 **4**월 **5**월 **6**월 **7**월 **8**월 **9**월 **10**월 **11**월 **12**월

9~10월에 열매가 익어요.

산수국의 사계절

사진에서 산수국의 꽃받침과 꽃을 찾아보세요.
꽃잎 모양의 꽃받침이 더 화려하게 느껴지지 않나요?

봄

여름

겨울

가을

잎

꽃

겨울 나무

열매

매실나무

① 매실을 잔뜩 선물 받았어~

헤헤

② 설탕에 매실을 절이면 달콤한 간식!

고추장에 비비면 맛난 밑반찬!

③ 설탕에 절인 매실즙 2숟가락 넣고 뜨거운 물을 부으면 몸에 좋은 매실차!

④ 저 매실은 뭐지?

⑤ 이건 또 어떤 맛일까?

⑥ 으윽.

⑦ 술이었잖아!

꽃도, 열매도 사랑받는 나무

매실나무는 매화나무라고도 불러요.

매실은 나무의 열매 이름이고,

매화는 나무의 꽃 이름이에요.

우리나라 사람들은 매실을 정말 좋아해요.

매실을 먹으면 피로가 풀리고 소화가 잘되거든요.

매실은 그냥 먹지 않아요.

장아찌로 만들어 반찬으로 먹거나,

즙으로 만들어 요리할 때 넣어요.

매실의 새콤달콤한 맛이 음식을 더 맛있게

만들어 줘요. 매실즙에 물을 부어 마시면

훌륭한 음료가 돼요.

서울 남산, 꽃이 핀 매실나무

2~4월에 꽃이 펴요.

1월 **2**월 **3**월 **4**월 **5**월 **6**월 **7**월 **8**월 **9**월 **10**월 **11**월 **12**월

6월에 열매가 익어요.

매실나무의 사계절

매실나무는 늦은 겨울부터 꽃을 피워요.
추운 날씨에도 두려움 없이 꽃을 피우는 매화가 정말 멋지지 않나요?

봄 나무

열매

봄 | 여름
겨울 | 가을

꽃

잎

왕벚나무

제주도가 고향인 나무

봄이 되면 우리나라 곳곳에 벚꽃이 펴요.

벚꽃은 피어 있을 때도 예쁘지만

떨어질 때도 예뻐서 사람들이 좋아해요.

벚꽃은 벚나무에서 펴요. 왕벚나무는 벚나무

중에서도 제일 크고 화려한 벚꽃을 피워요.

왕벚나무의 고향은 제주도예요.

몇 년 전에는 제주도에서 나이가 260살이 넘은

왕벚나무가 발견되기도 했어요.

제주도는 해마다 왕벚꽃축제를 열어

사람들과 함께 벚꽃을 즐겨요.

경남 진해, 봄의 벚꽃 축제

3~4월에 꽃이 펴요.

1월 **2**월 **3**월 **4**월 **5**월 **6**월 **7**월 **8**월 **9**월 **10**월 **11**월 **12**월

5~6월에 열매가 익어요.

왕벚나무의 사계절

왕벚나무 잎 아래에는 꿀샘이 있어요. 꿀샘에 들어 있는 꿀이 개미들을 불러 모아요.
개미는 해충들로부터 왕벚나무를 지켜 줘요.

꽃

꿀샘

열매

봄 여름
겨울 가을

겨울눈

가을 나무

칡

① 우와….
밭에 칡이 가득하네?

② 바위 위에도 온통 칡이 있어.

멍!

③ 아니, 집 담벼락까지?
칡이 없는 곳이 없네!

멍멍!

④ 으르르르르….

왜 그래? 뭐 있어?

⑤ 콰광

왈, 왈

으아악

⑥ ?

으악!
전봇대를 휘감은 칡이
꼭 도깨비 같잖아~

너무 잘 자라서 문제가 되는 덩굴나무

칡은 사람들에게 도움을 주는 나무였어요.
아주 예전에는 먹을 게 없을 때 사람들은
칡의 뿌리를 캐 먹었어요.
칡뿌리는 한약의 재료로 쓰이기도 해요.
칡의 줄기는 단단해서 밧줄을 만들기에 좋아요.

그런데 요즘에는 칡이 미움받고 있어요.
다른 나무가 자라지 못하도록 방해하기
때문이에요. 칡은 위로 곧게 자라지 않고
다른 나무를 감으며 자라나요.
칡이 너무 빨리 자라니까 칡으로 덮인 나무는
햇빛을 보지 못해서 죽고 말아요.

강원도 양구, 여름의 칡

7~8월에 꽃이 펴요.

1월 2월 3월 4월 5월 6월 **7**월 **8**월 9월 **10**월 11월 12월

10월에 열매가 익어요.

칡의 사계절

덩굴식물이라 키가 크지 않지만 주변 땅을 다 덮을 정도로 넓게 퍼져 나가요.
칡의 잎은 한 자리에서 3장씩 나요.

잎

꽃

봄 여름
겨울 가을

칡덩굴

열매

등

편한 쉼터가 되어 주는 덩굴나무

등은 다른 것을 감싸며 자라는 덩굴식물이에요.
공원 의자 주변으로 기둥을 세우고 등을 심으면,
등이 기둥을 감싸며 자라요. 다 자라면 의자 위로
그늘이 생겨서 여름에는 더위를 피하기 좋아요.

등의 열매껍질 속에는 콩처럼 생긴 열매가
여러 개 들어 있어요. 겨울이 되어 열매가 익으면
열매껍질이 탁 터지며 열매가 떨어져요.
등 아래에서 쉬다가 갑자기 떨어진 열매 때문에
깜짝 놀라지 않도록 조심해요!

덕수궁, 가을의 등

4~5월에 꽃이 펴요.

1월   **2**월   **3**월   **4**월   **5**월   **6**월   **7**월   **8**월   **9**월   **10**월   **11**월   **12**월

11~12월에 열매가 익어요.

등의 사계절

공원이나 학교에 등을 이용한 쉼터를 만들곤 해요.
봄에는 은은한 꽃향기를 풍기고 여름에는 시원한 그늘을 만들어 주거든요.

꽃

열매

줄기

잎

봄 여름

겨울 가을

단풍나무

빨간색 잎이 매력적인 나무

가을에 나뭇잎 색깔이 빨간색, 주황색,

노란색으로 변하는 것을 단풍이라고 불러요.

단풍나무는 단풍 색이 제일 예쁜 나무예요.

색이 곱고 아름다워서 공원, 길거리에 많이 심어요.

단풍나무 열매는 날개가 있어요.

열매가 익으면 빙글빙글 돌면서 땅에 떨어져요.

바람이 잘 부는 날에 단풍나무 열매를

하늘에 날려 봐요. 헬리콥터 프로펠러처럼

열매의 날개가 빙빙 돌아가는 모습을 볼 수 있어요.

계룡산, 가을의 단풍나무

4~5월에 꽃이 펴요.

1월 **2**월 **3**월 **4**월 **5**월 **6**월 **7**월 **8**월 **9**월 **10**월 **11**월 **12**월

9~10월에 열매가 익어요.

단풍나무의 사계절

단풍나무를 가만히 들여다보세요.
굵은 줄기도 2개, 겨울눈도 2개, 날개 달린 열매도 2개로 나뉘어 있어요.

암꽃

수꽃

잎

봄 여름
겨울 가을

겨울 나무

열매

화살나무

화살 깃털 같은 장식이 달린 나무

화살나무의 줄기에는 화살 깃털처럼 보이는
날개가 달려 있어요. 이 날개는 동물들로부터
자신을 보호하기 위해 생긴 거라고 해요.
화살나무의 날개는 깃털처럼 부드러워 보이지만
실제로 만져 보면 딱딱해요.

화살나무는 참빗나무라는 별명도 갖고 있어요.
날개 모양이 머리빗처럼 보여서 붙은 별명이에요.
화살나무의 잎은 맛이 좋아 차로 만들어
마시기도 해요.

경복궁, 가을의 화살나무

5월에 꽃이 펴요.

1월 **2**월 **3**월 **4**월 **5**월 **6**월 **7**월 **8**월 **9**월 **10**월 **11**월 **12**월

10~11월에 열매가 익어요.

화살나무의 사계절

화살나무는 쉽게 알아볼 수 있어요. 화살 깃털 모양의 날개가 있고,
가을에는 잎이 연한 붉은색으로 변하거든요.

꽃

열매와 가지

봄　여름

겨울　가을

겨울 나무

열매

회양목

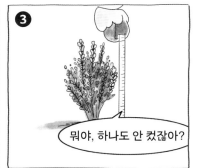

동글동글한 잎이 귀여운 나무

회양목은 우리 주변에서 아주 쉽게 볼 수 있어요.

학교나 건물에 울타리를 세울 때 주로 회양목을

심거든요. 회양목의 잎은 늘 초록색이에요.

모양도 동그래서 귀여워요.

회양목은 다른 나무보다 천천히 자라요.

느리지만 줄기 속이 꽉 차 있게 자라서 무척

단단해요. 그래서 나무 도장을 만들 때

회양목을 많이 사용해요.

나무 도장은 나무가 단단해야 좋거든요.

서울 남산, 꽃이 핀 회양목

3~4월에 꽃이 펴요.

1월　　**2**월　　**3**월　　**4**월　　**5**월　　**6**월　　**7**월　　**8**월　　**9**월　　**10**월　　**11**월　　**12**월

9~10월에 열매가 익어요.

회양목의 사계절

우리 주변에서 많이 볼 수 있어요. 회양목의 잎은 언제나 초록색이에요.
하지만 안 좋은 환경에서는 잎이 갈색으로 변해요.

암꽃이 가운데 있고,
수꽃이 암꽃 바깥쪽으로 빙 둘러 피어요.

꽃

열매

봄
여름
겨울
가을

겨울눈

잎

갈색으로 변한 잎

무궁화

우리나라를 대표하는 나무

무궁화는 애국가에도 나오는 우리나라의
대표 나무예요. 튼튼하게 잘 자라는 무궁화는
우리 민족의 성실함과 끈기를 보여 주지요.
옛날에 일본이 우리나라를 빼앗은 때가 있었어요.
이때 일본은 우리나라가 소중하게 여기는
무궁화를 없애려고 했어요. 무궁화를 만지면
눈병, 피부병이 걸린다고 거짓 소문을 내고,
무궁화를 불태워 버리기도 했지요.
이런 방해 속에서도 우리 민족은 우리나라와
무궁화를 잘 지켜 냈어요.

꽃이 핀 가을의 무궁화

8~10월에 꽃이 펴요.

1월 **2**월 **3**월 **4**월 **5**월 **6**월 **7**월 **8**월 **9**월 **10**월 **11**월 **12**월

11~12월에 열매가 익어요.

무궁화의 사계절

무궁화는 '끝이 없는 꽃'이라는 뜻을 가지고 있어요.
여름부터 가을까지 오랫동안 꽃을 피워요.

잎

꽃

봄 여름
겨울 가을

겨울 나무

열매

열매와 씨앗

배롱나무

별명이 많은 나무

배롱나무는 꽃이 예쁘게 피고, 줄기가 무척
부드러워요. 배롱나무의 꽃은 오랫동안 피어
있어요. 한 번 꽃이 피면 100일 정도 핀다고 해서
백일홍이라는 별명이 생겼어요.
배롱나무는 간지럼나무라고도 불려요.
줄기를 손으로 만지면 가지와 잎이 살짝
흔들리는데 그 모습이 간지럼을 타는 것
같다고 해서 붙여진 이름이에요.

배롱나무는 원래 따뜻한 남쪽 지역에서 자라는데,
지구의 온도가 높아져서 이제는 중부 지역,
북쪽 지역에서도 볼 수 있어요.

서울 남산, 여름의 배롱나무

6~9월에 꽃이 펴요.

1월	2월	3월	4월	5월	6월	7월	8월	9월	10월	11월	12월

10월에 열매가 익어요.

배롱나무의 사계절

배롱나무는 껍질이 얇아서 추위에 약해요.
그래서 겨울에 얼지 않도록 사람들이 짚으로 감싸 주기도 해요.

봄 나무

잎

봄 여름
겨울 가을

나무껍질

꽃

열매

진달래

보기도 좋고 맛도 좋은 나무

찹쌀가루 반죽 위에 꽃을 올려 기름에
부치는 음식을 화전이라고 해요.
봄에는 진달래꽃, 여름에는 장미꽃,
가을에는 국화꽃 등으로 화전을 만들어 먹어요.
진달래꽃으로 만든 화전은 보기도 좋고
맛도 좋아요.

진달래와 철쭉은 비슷하게 생겼어요.
잎이 없고 꽃만 피어 있는 것은 진달래,
잎과 꽃이 같이 피어 있는 것은 철쭉이에요.
잘 살펴보면 쉽게 구분할 수 있어요.
철쭉꽃에는 독이 있어서 절대 먹으면 안 돼요.

관악산, 꽃이 핀 진달래

3~4월에 꽃이 펴요.

1월　**2**월　**3**월　**4**월　**5**월　**6**월　**7**월　**8**월　**9**월　**10**월　**11**월　**12**월

8~10월에 열매가 익어요.

진달래의 사계절

추운 겨울이 지나고 진달래꽃이 하나둘 피면
드디어 봄이 왔다는 뜻이에요.

꽃

잎

봄   여름

겨울   가을

겨울눈

열매

잎

이팝나무

쌀밥 같은 꽃이 피는 나무

'이밥'은 쌀밥을 뜻하는 경상도 말이에요.

나무의 하얀 꽃이 흰쌀밥 같다고 해서

이밥나무라고 불렸다가 시간이 지나면서

이팝나무로 불리게 되었대요.

옛날에는 이팝나무의 꽃을 보고

농사가 잘될지 안될지 알아봤다고 해요.

꽃이 많이 피면 농사가 잘되고,

꽃이 조금 피면 농사가 잘 안될 거라고

생각했어요. 이건 옛날 사람들의 지혜예요.

꽃이 잘 피는 환경에서는 농사도 잘된다는 것을

이미 알고 있었던 것이지요.

여의도공원, 꽃이 핀 이팝나무

5~6월에 꽃이 펴요.

1월   **2**월   **3**월   **4**월   **5**월   **6**월   **7**월   **8**월   **9**월   **10**월   **11**월   **12**월

10월에 열매가 익어요.

이팝나무의 사계절

5~6월에 흰색 꽃이 잔뜩 피어 있는 이팝나무를 볼 수 있어요.
진짜 쌀밥처럼 생겼는지 살펴보세요.

꽃

잎과 열매

봄 여름

겨울 가을

나무껍질

어린 줄기에서는 껍질이
벗겨지는 모습을 볼 수 있어요.

잎과 열매

개나리

봄의 시작을 알려 주는 나무

개나리는 추운 겨울 동안 꽃을 피울 준비를
하다가 날씨가 따뜻해지면 바로 꽃을 피워요.
그래서 길에 핀 노란 개나리꽃은
겨울이 가고 봄이 왔다는 것을 뜻해요.
봄이 되면 우리나라 어디서든 개나리를 쉽게
볼 수 있지만, 다른 나라에서는 개나리를 볼 수
없어요. 개나리는 우리나라에서만 자라거든요.
우리에게는 무척 익숙한데
다른 나라에서는 볼 수 없다니.
왠지 개나리가 더 특별하게 느껴지지 않나요?

멍!

꽃이 핀 개나리

3~4월에 꽃이 펴요.

1월　　2월　　**3월**　**4월**　　5월　　6월　　7월　　8월　　**9월**　**10월**　11월　　12월

9~10월에 열매가 익어요.

개나리의 사계절

개나리 가지를 잘라 땅에 심으면 뿌리가 생겨서
그 자리에 새로운 개나리가 자라나요.

꽃

잎

겨울 나무

잎과 가지

봄 여름
겨울 가을

쥐똥나무

이름과 다르게 좋은 냄새가 나는 나무

쥐똥나무의 열매는 작고 동그랗고, 검은색이에요.
열매가 쥐의 똥처럼 생겼다고 해서 쥐똥나무라는
이름을 갖게 되었어요. 하지만 똥 냄새는 안 나요.
쥐똥나무의 꽃은 5월과 6월 사이에 피는데
무척 향기로워요.

쥐똥나무는 어느 환경에서나 잘 자라요.
그래서 울타리로 많이 심고 있어요.
쥐똥나무는 아주 튼튼해서 울타리 모양에 맞춰
가지를 잘라 내도 죽지 않고 잘 살아요.

안양 학의천, 꽃이 핀 쥐똥나무

5~6월에 꽃이 펴요.

1월 **2**월 **3**월 **4**월 **5**월 **6**월 **7**월 **8**월 **9**월 **10**월 **11**월 **12**월

10~11월에 열매가 익어요.

쥐똥나무의 사계절

쥐똥나무에는 쥐똥밀깍지벌레가 붙어 살아요. 쥐똥나무 속에 있는 물을 빨아 먹으며 살지요.
어린 벌레는 사진처럼 하얀 집을 만들어 그 안에서 어른 벌레로 자라나요.

잎

꽃

봄 여름
겨울 가을

쥐똥밀깍지벌레의 하얀 집

열매

라일락

향수의 재료가 되는 나무

라일락은 아파트 단지나 공원에서

많이 볼 수 있어요. 꽃향기가 진하고 향기로워

사람들이 좋아하기 때문이지요.

사람들은 라일락의 향을 다양하게 이용해요.

향수를 만들 때도 쓰고, 세탁세제를 만들 때도

써요. 라일락은 색과 모양도 아름다워요.

봄이 되면 자주색, 흰색, 분홍색 등

고운 색의 꽃을 마구 피워요.

라일락의 꽃말*은 '첫사랑', '우정'이에요.

꽃말도 아주 곱고 예쁘지요?

* **꽃말** 꽃의 특징에 따라 의미를 담아 말을 붙인 것이다.
예를 들면, 장미의 꽃말은 '사랑'이고
클로버의 꽃말은 '행운'이다.

서울 백인제 가옥, 봄의 라일락

4~5월에 꽃이 펴요.

1월 **2**월 **3**월 **4**월 **5**월 **6**월 **7**월 **8**월 **9**월 **10**월 **11**월 **12**월

9~10월에 열매가 익어요.

라일락의 사계절

라일락의 꽃은 자주색, 흰색, 분홍색 등 색깔이 다양해요.
색깔도 예쁘고, 향기도 좋은 라일락이랍니다.

꽃

잎

봄 여름

겨울 가을

겨울눈

열매

참오동나무

민속박물관이라니!

정말 기대돼.

이걸로 만들었다고?

참오동나무로 만든 서랍장!

참오동나무로 만든 가야금!

참오동나무로 만든 도장까지!

아낌없이 주는 참 고마운 나무. 참오동나무~

목수가 사랑하는 나무

참오동나무는 목수*들이 좋아하는 나무예요.
나무가 부드러우면서 가볍고, 나무의 무늬가
아름다워 여러 가지 물건을 만들기 좋거든요.
참오동나무로 만든 가구는 인기가 좋아요.
옛날에는 딸을 낳으면 마당에 참오동나무를
심었다고 해요. 딸이 시집갈 때 참오동나무로
좋은 장롱을 만들어 보내기 위해서지요.
참오동나무는 소리를 잘 전달해서 악기를 만드는
데에도 많이 쓰여요. 우리나라의 악기인 거문고,
가야금을 만들 때 사용되고 있어요.

* **목수** 나무로 물건을 만들거나 집을 짓는 일을 하는 사람

충남 서천, 꽃이 핀 참오동나무

5월에 꽃이 펴요.

1월 **2**월 **3**월 **4**월 **5**월 **6**월 **7**월 **8**월 **9**월 **10**월 **11**월 **12**월

10월에 열매가 익어요.

참오동나무의 사계절

참오동나무의 잎은 정말 커요. 사람 얼굴보다 더 큰 잎도 있어요.
넓은 잎 덕분에 햇빛을 잘 흡수해서 빠르게 자라나요.

꽃

잎과 열매

봄 | 여름
겨울 | 가을

겨울 나무

열매

내 손으로 색칠하는
우리 동네 나무들

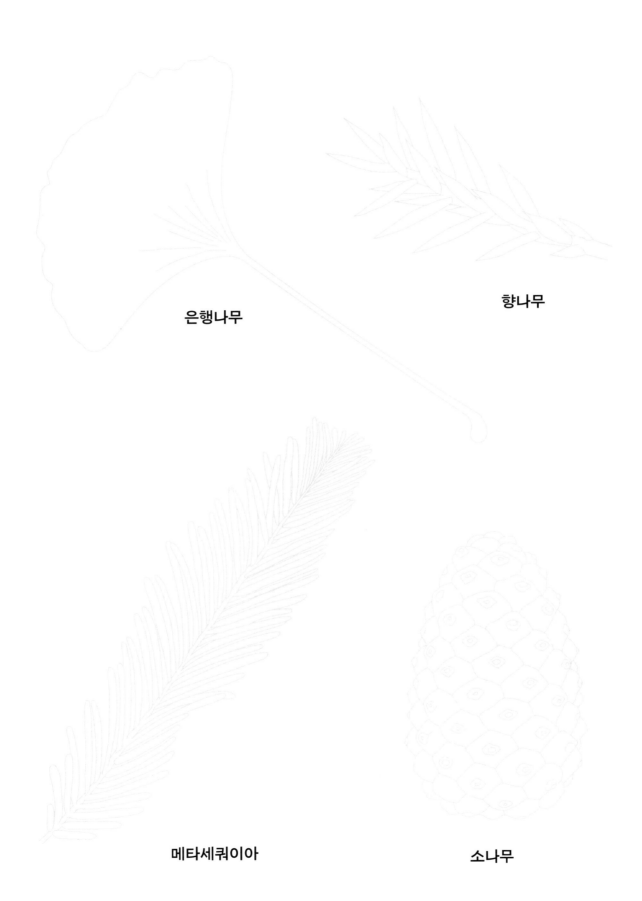

은행나무

향나무

메타세쿼이아

소나무

주목

버드나무

오리나무

신갈나무

백목련

느티나무

굴참나무

양버즘나무

계수나무

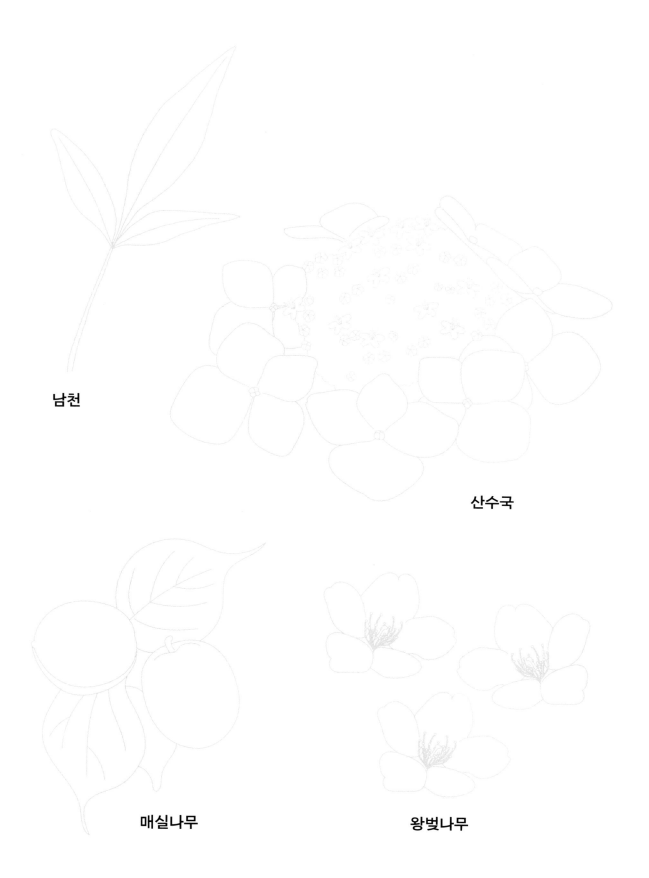

남천

산수국

매실나무

왕벚나무

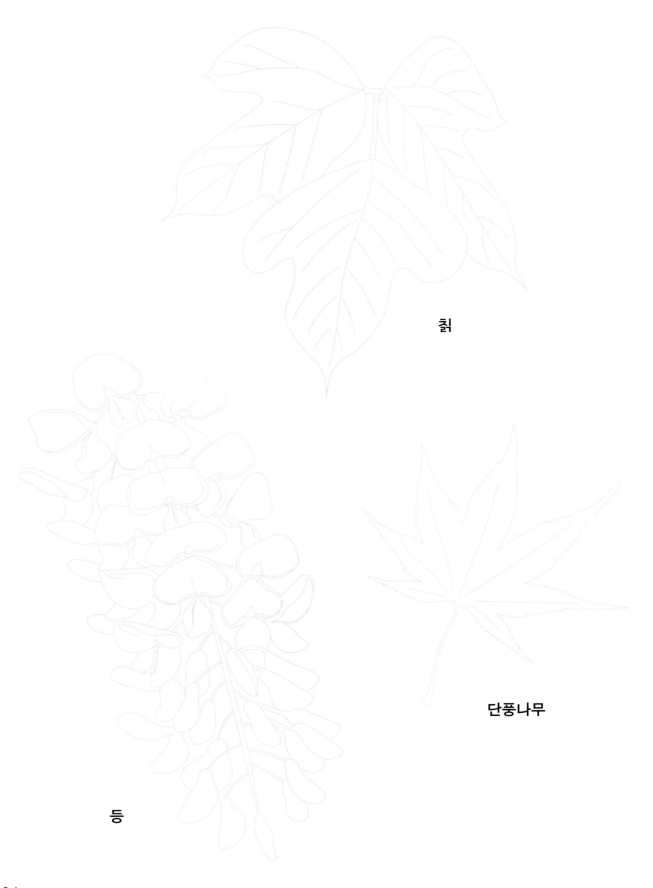

칡

단풍나무

등

136

회양목

화살나무

무궁화

배롱나무

진달래

쥐똥나무

라일락

개나리

참오동나무

이팝나무

국립생태원

국립생태원은 사람과 자연이 함께 살아갈 수 있는 환경을 만들기 위해 연구, 교육 전시를 담당하는 기관입니다.

국립생태원은 사람이 머무는 모든 곳이 자연을 배우는 교실이 되기를 바랍니다.

자연이 우리의 미래가 되기를 바라는 마음으로, 소중한 생태 정보와 이야기들을 다양한 책으로 만들고 있습니다.

정보 제공 및 내용 감수에 참여한 국립생태원 연구원

천광일 한상학

쉬운 정보 감수에 참여한 사람

김선교 김은비 이주형

우리 동네 나무들 쉬운 글과 그림으로 보는 자연 이야기

발행일 2021년 8월 20일 초판 1쇄 발행 | 2022년 12월 9일 초판 3쇄 발행 | 엮음 국립생태원
글·그림·디자인 소소한소통 | 사진 감홍규, 국립생태원(한상학, 이진원, 최인수, 야외식물부), 국립생물자원관, 공유마당(박종진)
발행인 조도순 | **책임편집** 최인수 | 편집 이진원
발행처 국립생태원 출판부 | 신고번호 제458-2015-000002호(2015년 7월 17일)
주소 충남 서천군 마서면 금강로 1210 | 홈페이지 www.nie.re.kr | 문의 041-950-5999 | 이메일 press@nie.re.kr

ⓒ국립생태원 National Institute of Ecology, 2021
ISBN 979-11-6698-019-0 14400
ISBN 979-11-90518-20-8 (세트)

조심하세요
책을 던지거나 떨어뜨리면 다칠 수 있으니 조심하세요.
온도가 높거나 습기가 많은 곳, 햇빛이 바로 닿는 곳에는 책을 두지 마세요.